MOTOCICLETAS MÍTICAS

MÍTICAS MOTOCICLETAS

UNA COLECCIÓN FASCINANTE DE LAS MOTOCICLETAS MÁS EXTRAORDINARIAS

Parragon

Bath • New York • Singapore • Hong Kong • Cologne • Delhi
Melbourne • Amsterdam • Johannesburg • Auckland • Shenzhen

Publicado por Parragon en 2012

Diseñado, producido y presentado por
Stonecastle Graphics Limited
Texto: Philip de Ste. Croix
Diseño: Paul Turner y Sue Pressley

Traducción del inglés: Diego Riesco para LocTeam, Barcelona. Redacción y maquetación de la edición en español: LocTeam, Barcelona

ISBN 978-1-4454-7778-7
Printed in China / Impreso en China

Página 1: *Larry Pegram vence en el Campeonato AMA de Superbikes 2009 disputado en Topeka Park (Kansas) a lomos de una Ducati.*
Página 2: *La Kawasaki VN1700 Classic Tourer en estado puro.*
Página 3: *Indian Motorcycle es una de las empresas de motocicletas más importantes de Estados Unidos.*
Derecha: *Las chopper son motos personalizadas, ya sean máquinas de fábrica modificadas o exóticas creaciones originales.*

Índice

Introducción

La emoción de encontrarse a lomos de una motocicleta potente es resultado de una combinación de sensaciones: la satisfacción de dominar una pieza de ingeniería avanzada, una impresión de libertad, la exposición a los elementos y un toque de riesgo, por no mencionar el vértigo de la aceleración de que es capaz una máquina con una relación peso/potencia con la que ni siquiera sueñan otros usuarios de la carretera. Esta emoción es la que experimentaron los motoristas hace 100 años, en los primeros días del motociclismo, y sigue siendo una motivación imperiosa para aquellos que montan en moto para divertirse o escapar de las presiones de la vida moderna. En este tiempo, las motos han pasado de ser sencillas máquinas monocilíndricas a convertirse en sofisticados aparatos capaces de volar a casi 320 km/h. Sin embargo, la sensación que produce aferrarse al manillar y girar el puño del acelerador hasta el tope sigue siendo la misma.

Este libro pretende transmitir la sensación de emoción que producen las motocicletas míticas. La historia se inicia a mediados del siglo pasado, una época en la que Harley-Davidson se había desembarazado de sus competidores en los Estados Unidos mientras que los fabricantes de Gran Bretaña, Alemania e Italia marcaban el paso en Europa.

La segunda parte lleva la historia hasta el siglo XXI, con el surgimiento de los gigantes japoneses y el periodo asombrosamente fértil durante el cual la tecnología de competición llegó a una amplia gama de increíbles máquinas de calle. También repasa las motocicletas actuales, desde las compactas de media cilindrada hasta las potentes tourers y cruisers que recorren las autopistas de todo el mundo, así como las superbikes capaces de dejar atrás a cualquiera.

En la parte final, la atención se centra en el circuito, ya sea el pavimento de las competiciones de máximo nivel o la tierra que tanto gusta a los pilotos de motocross y enduro. Supone un apasionante punto final para este soberbio homenaje ilustrado a las motocicletas más míticas del mundo.

Derecha: *Harley-Davidson lidera el mercado de las custom de fábrica desde los días de la FX Super Glide. El modelo de 2010 de la XL1200 Sportster Custom ofrece un depósito de perfil bajo, manillar rebajado y faro en forma de bala.*

HARLEY-DAVIDSON
1200

Un mundo de clásicas

Abajo: *La Ariel Red Hunter es recordada como una de las motos más fiables de la década de 1950, y esta Red Hunter 350 de 1956 era una máquina característicamente sólida y segura, propulsada por un motor de varillas de bajas revoluciones con 18 CV. Alcanzaba una velocidad máxima de poco más de 113 km/h y fue popular entre los motoristas por su precio competitivo, su bajo consumo, un comportamiento adecuado un excelente acabado.*

Izquierda: *La marca Benelli fue fundada en 1911 por los hermanos Benelli, pero su fortuna declinaba cuando fue adquirida por Alessandro de Tomaso en 1972. La gama renovada incluía la Tornado 650S, una bicilíndrica de 643 cm³ que empujaba con fuerza incluso a pocas revoluciones.*

Página contigua: *La Ariel Square Four de 1952, llamada Squariel, era una moto con estilo cuyo flexible tetracilíndrico de 997 cm³ justificaba el eslogan con el que se promocionaba: «De diez a cien en la última marcha». El motor presentaba numerosas aletas para refrigerar los cilindros traseros.*

HFH 42
ARIEL

WFO 569
Brough Superior
SS 80 Model

Página contigua: *La Brough Superior, una de las máquinas anteriores a la Segunda Guerra Mundial con más glamour, se anunciaba como «el Rolls-Royce de las motocicletas». Este es el modelo SS80 de 990 cm^3 con válvulas laterales. Su hermana mayor, la SS100, era una impresionante bicilíndrica en V de 988 cm^3, capaz de alcanzar una velocidad máxima de 161 km/h. El propietario más famoso de una de estas exclusivas máquinas fue T. E. Lawrence (Lawrence de Arabia), quien escribió sobre ella: «Es la máquina más refinada que he pilotado nunca [...] creo que va a ser una moto excelente».*

Izquierda: *BMW fue el mayor proveedor de motocicletas para la Wehrmacht alemana durante la Segunda Guerra Mundial. La R75 era una unidad de 745 cm^3 con sidecar, destinada a un uso todoterreno. La producción se inició en 1941 y antes de 1944 ya se habían suministrado al ejército casi 18.000 máquinas.*

Abajo: *Una BMW R50 de 1959 fotografiada en un bonito enclave alpino. Este modelo pertenecía a una nueva gama de motocicletas BMW con horquillas Earles y eje de transmisión cubierto. El motor era un bicilíndrico horizontal de cuatro tiempos y 494 cm^3, con una velocidad máxima de unos 140 km/h.*

Arriba: *Esta moto de carreras ganó la competición Imola de 332 km en 1972. Es una Ducati 750 Imola Desmo diseñada por Fabio Taglioni, y fue pilotada por Paul Smart. Su compañero de equipo, Bruno Spaggiari, obtuvo la segunda posición. Fue una victoria histórica y generó una publicidad muy positiva.*

Derecha: *La estilizada BSA Gold Star Clubman era la moto de competición definitiva homologada para la calle en la década de 1950. Podía alcanzar los 177 km/h e incluía un depósito con laterales cromados, un gran freno de tambor delantero, un monocilíndrico muy afinado y un tubo de escape en flecha.*

Página contigua: *Los ingredientes clave para que una moto tuviera éxito en Estados Unidos a mediados de los años cincuenta eran estilo, prestaciones y un motor capaz. La potente y atractiva BSA Road Rocket de 650 cm^3, lanzada en 1954, andaba sobrada y se vendió bien en este importante mercado.*

Izquierda: *La Harley-Davidson Duo-Glide de 1958 fue una motocicleta emblemática. Como proclamaban las horquillas telescópicas y los amortiguadores traseros con carcasa cromada, esta moto tenía suspensión tanto delante como detrás, como es norma desde entonces.*

Página contigua: *Una Indian Chief de los años cuarenta o principios de los cincuenta, con su gran motor bicilíndrico en V complementado por enormes guardabarros delanteros curvos; es una de las motos más reconocibles jamás fabricada. Por desgracia, la competencia era muy dura e Indian cerró en 1953.*

Arriba: *La WL45 era una prima pequeña de la gama de bicilíndricas en V de gran cilindrada de Harley-Davidson, con un motor de 750 cm^3 y válvulas laterales. Solo producía 25 CV, pero sus prestaciones eran buenas y fue muy popular durante las décadas de 1930 y 1940. También prestó sus servicios durante la Segunda Guerra Mundial, al igual que la WLA.*

Izquierda: *La Indian Four era elegante, cómoda, rápida y cara. Disponía de un motor tetracilíndrico en línea de 1.265 cm^3. Permaneció en producción durante 15 años, entre finales de los años veinte y principios de los cuarenta. Aquí vemos una de las últimas Four, que se diferencia por sus guardabarros envolventes y la suspensión trasera de émbolo.*

Izquierda: Lanzada en 1968, una de las motos británicas más apreciadas, la Norton Commando utilizaba innovadores soportes de goma para reducir la vibración del motor.

Página contigua: La bicilíndrica Dominator Model 7 de 500 cm^3 fue la respuesta de Norton a la revolucionaria Speed Twin de Triumph. Aquí se ve el popular cubrefaro cromado.

Abajo: La monocilíndrica Moto Guzzi Falcone de 498 cm^3 estuvo en producción durante 18 años en los años cincuenta y sesenta. Esta es una versión Turismo de 1964.

Norton
FO 6711

Izquierda: *La Sunbeam S8, presentada en 1949, era en esencia una versión más deportiva y fiable de la S7, que no se había vendido bien desde su presentación, dos años antes. La S8 empleaba un motor bicilíndrico en tándem de 487 cm³, suave y fiable.*

Abajo: *El comportamiento de la S8 era mejor que el de la S7 gracias a un menor peso, nuevas horquillas delanteras telescópicas, además de llantas y neumáticos más estrechos. La velocidad máxima era de 129 km/h.*

Arriba: *La Vincent Rapide de 1949 era una moto increíblemente rápida para devorar kilómetros. Se encontraba cómoda cubriendo grandes distancias a gran velocidad y presentaba una gran estabilidad. Estaba propulsada por un bicilíndrico en V de 998 cm³ con cuatro válvulas y 45 CV.*

Página contigua: *Las atronadoras bicilíndricas de Vincent eran las motos de calle más rápidas en los años cuarenta y principios de los cincuenta. Aunaban unas prestaciones asombrosas con un comportamiento estable, excelentes frenos y capacidad para cubrir grandes distancias. Esta Rapide serie C, producida en 1950, empleaba las horquillas delanteras Girdraulic de Vincent en lugar de los largueros Brampton de la serie B.*

RMM 543
VINCENT

TRIUMPH

Arriba: *Triumph creó en 1959 su modelo más famoso y popular, la Bonneville, equipando la Tiger 110 de 649 cm^3 con una nueva culata y carburadores dobles. La motocicleta deportiva resultante recibió el nombre de Bonneville por las famosas planicies salinas de Utah donde una Triumph optimizada había establecido un récord de velocidad de 344 km/h en 1956. Sus líneas elegantes y un motor que subía de vueltas con gusto la convirtieron en una de las motos más populares en los años sesenta.*

Derecha: *La Triumph Tiger 100 era una versión potenciada de la revolucionaria Speed Twin. Fue una de las motos más rápidas a finales de los años cuarenta y principios de los cincuenta. El manillar retrasado permitía tumbarse sobre el depósito y aprovechar su velocidad máxima de casi 161 km/h.*

Página contigua: *La Triumph Thunderbird se convirtió en el epítome de la fama cuando fue utilizada por Marlon Brando en la película* Salvaje, *de 1953. Era una moto asombrosamente elegante y atractiva. El motor bicilíndrico paralelo de 649 cm^3, refinado y fiable, permitía alcanzar la barrera de los 161 km/h.*

Potencia y prestaciones

Derecha: *La Aprilia RSV4R es una superbike italiana muy equilibrada y repleta de tecnología. En su corazón late un motor V4 de 998 cm³ con refrigeración líquida que produce 180 CV y permite alcanzar una velocidad punta de 290 km/h. Cuenta con una caja de cambios tipo casete de seis marchas y un sistema de acelerador electrónico.*

Arriba: *La versión deportiva de la Aprilia RSV4R tuvo un gran éxito en su primer año de participación en el Campeonato Mundial de Superbikes de 2009. El piloto Max Biaggi obtuvo la cuarta posición en el ranking. En 2010 presentó una librea tricolor que representaba la alianza del equipo con la aerolínea Alitalia.*

Izquierda: *La Aprilia Mana GT de 850 cm³ supuso toda una sorpresa cuando se lanzó en 2009, ya que no tiene caja de cambios. En su lugar utiliza una transmisión variable continua, lo que significa que se maneja como un scooter, sin necesidad de cambiar de marcha, con solo girar el acelerador.*

Izquierda: *Esta asombrosa creación es la Benelli TNT Café 1130 Racer de 2008, impulsada por un motor tricilíndrico en línea de 1.130 cm³. Un botón en el cuadro permite seleccionar la unidad de control del motor entre potencia libre y potencia controlada para mejorar el control en condiciones de escasa tracción.*

Abajo: *Las motocicletas procedentes de un legado de competición deben ser potentes y ligeras. La Benelli TNT 1300 Titanium consigue ser ligera gracias al uso de materiales como el aluminio, el carbono, el titanio y una aleación ligera llamada ergal en los amortiguadores traseros.*

Arriba: *Mostrada sin carenado (imagen superior) y con carenado completo (arriba), la Benelli Tornado Tre 1130, que se presentó en 2006, simbolizaba la ambición de este fabricante italiano relativamente pequeño de posicionarse entre marcas como Aprilia y Ducati como una fuerza a tener en cuenta en la categoría de las superbikes. La Tornado, con un estilo agresivo, estaba impulsada por un tricilíndrico en línea de 1.130 cm³ que desarrollaba 161 CV a 10.500 r.p.m.*

Arriba: *La empresa italiana Bimota se fundó en 1972 para construir motos deportivas a medida usando motores de otros fabricantes. La SB1 usaba un motor Suzuki de 500 cm³ y se fabricó entre 1975 y 1977. La máquina dominó los campeonatos nacionales júnior italianos, en los que logró cinco títulos entre 1976 y 1980.*

Izquierda: *La DB4ie fue la siguiente moto de competición en la historia de Bimota. Esta máquina con motor Ducati fue lanzada en 2000 y usaba el bicilíndrico en V 900 SS. La denominación «ie» hace referencia al sistema de inyección electrónica de combustible que sustituyó a los carburadores que usaba la DB4 original.*

Página contigua: *La Bimota YB2 también apareció a finales de los años setenta, pero en este caso estaba impulsada por un bicilíndrico en línea Yamaha de 250 cm³. La moto ganó cuatro títulos durante el campeonato mundial de 1976 y Otello Buscherini se alzó con el Gran Premio en la clase 350 con una en Imola ese mismo año.*

Arai
WWW.BIMOCAT.COM
bimota
bimota
MOTOREX

Derecha, arriba: *BMW presentó la Concept 6 en el Salón del Automóvil de Milán (Italia) en 2009. Contaba con un enorme motor de seis cilindros en línea de 1.650 cm³ montado transversalmente en el chasis. Esta tecnología fue utilizada en las nuevas motos touring K1600 que se anunciaron en 2010.*

Arriba: *La BMW R1200GS Adventure es el último miembro de una familia de motos deportivas (motos homologadas para la calle, diseñadas para usar dentro y fuera de la carretera) que se fabrican desde 1981. Esta moto tiene un motor bicilíndrico horizontal (bóxer) de 1.170 cm³ y transmisión por cardán.*

Derecha, abajo: *En la década de 1990, el término* naked *se hizo popular para describir las motos de calle que carecían de pantalla y carenado, por lo que exhibían sin reparos sus líneas agresivas. La* naked *de BMW es la K1300R, que la página web de la firma describe como «músculos al descubierto».*

Página contigua: *BMW lanzó la deportiva S1000RR para competir en el Campeonato Mundial de Superbikes de 2009, pero en 2010 amplió la producción para ofrecerla al público. Dispone de cuatro cilindros en línea de 999 cm³ con caja de seis marchas, y la velocidad punta es de más de 200 km/h.*

Arriba, izquierda: Boss Hoss diseña grandes motos. La empresa fue fundada por Monte Warne en 1990 y tiene su sede en Dyersburg, Tennessee. Fabrica motos y triciclos equipados con motores V8 producidos por General Motors y transmisiones semiautomáticas. Aquí vemos una BHC-3 502 de 2007.

Arriba, derecha: La BHC-3 ZZ4 de Boss Hoss utiliza un enorme motor V8 de 5.700 cm³ con refrigeración líquida montado longitudinalmente en el chasis. Son los pesos pesados del mundo de las motos: la ZZ4 pesa en seco más de 500 kg, ¡alrededor de media tonelada!

Izquierda: Esta es la versión Supersport o SS de la Boss Hoss ZZ4. Aunque son máquinas muy grandes y pesadas, son sorprendentemente divertidas y fáciles de manejar. El motor cuenta con una transmisión automática que elimina la necesidad de cambios de marcha manuales.

Arriba, derecha: *La Indian Chief Bomber es un modelo de edición limitada de 2010. Los dos acabados ilustrados son verde ahumado y plateado ahumado. El depósito exhibía una pin-up pintada a mano que recordaba las que adornaban los bombarderos estadounidenses de la Segunda Guerra Mundial.*

Arriba, izquierda: *La suerte de esta compañía de motos india se truncó después de la Segunda Guerra Mundial y la producción cesó en 1953. No obstante, el nombre revivió en 2006 y las líneas de producción echaron a rodar de nuevo en 2008. Aquí vemos una Indian Chief Vintage de 2010, que usa un bicilíndrico Powerplus de 1.720 cm³.*

Derecha: *La superbike Buell 1125R la fabrica la empresa Buell Motorcycle en los Estados Unidos y se presentó en 2007 como modelo de 2008. Propulsada por un bicilíndrico en V Helicon de 1.125 cm³ con refrigeración líquida fabricado por Rotax en Austria, su transmisión es por correa, no por cadena.*

Arriba: *La MV Agusta 1090 RR Brutale de 2010 cuenta con un dial partido con tacómetro y dos pantallas LCD multifunción que ofrecen gran variedad de datos.*

Izquierda: *La F4 fue la moto que anunció el espectacular resurgimiento de MV Agusta en la década de 1990. El modelo de 2010 prosiguió la búsqueda de la excelencia sobre dos ruedas.*

Página contigua: *La MV Agusta Brutale original fue creada por Massimo Tamburini, diseñador de la Ducati 916. El modelo 1090 RR presentaba un motor de más cilindrada de 1.078 cm³.*

Izquierda: *Desde su presentación en 1971, la Moto Guzzi California experimentó varias revisiones, en particular la de la cilindrada de su motor, que pasó de 850 a 950 cm^3 y, por último, a 1.100 cm^3. El bicilíndrico en V está montado transversalmente en el bastidor. Esta California III es un modelo de 2007.*

Derecha: *Cagiva debutó por todo lo alto como fabricante de superbikes con las Raptor y V-Raptor, un par de atractivas máquinas impulsadas por el bicilíndrico TL1000 de Suzuki. Las motos eran realmente rápidas y tenían un comportamiento soberbio. Aquí vemos una Raptor 1000 de 2005.*

DUCATI
1000ds

Arriba: La Ducati Desmosedici RR es una versión de la Desmosedici MotoGP de producción limitada para la calle. Tiene un motor V4 de válvulas desmodrómicas de 989 cm³.

Página contigua: La Ducati Supersport 1000DS (de doble bujía) de 2005 usaba un chasis de tubos de acero y una suspensión mejorada para garantizar una conducción excelente.

Abajo: La Ducati Paul Smart 1000LE fue creada por Ducati en 2006 para conmemorar la victoria de Smart en la carrera Imola 200 de 1972, ya que marcó el futuro de Ducati en la competición.

Arriba: Caracterizada por su estilo agresivo y el chasis a la vista, la serie Monster de Ducati fue presentada por la empresa a principios de los años noventa. Ha obtenido un enorme éxito comercial y representa un gran porcentaje de las ventas en todo el mundo. Aquí vemos un modelo Monster 695 de 2006.

Derecha: La Pantah 500, diseñada por Fabio Taglioni, se presentó en diciembre de 1979 y su motor bicilíndrico de 499 cm³ refrigerado por aire, con transmisión por correa y doble árbol de levas en culata, marcó una nueva era en la historia de Ducati y el resurgir de su fortuna.

Arriba: *Las motos Harley-Davidson resultan muy atractivas, con un estilo moderno que, no obstante, incluye referencias visuales que evocan la historia de la empresa. Vemos aquí una softail de la generación actual, la FXCWC Rocker C. Naturalmente, el motor es un bicilíndrico de 1.584 cm^3 con doble árbol de levas en culata y refrigeración por aire.*

Izquierda: *La Harley Heritage Softail Classic evoca una era anterior, la de la famosa Duo-Glide de los años cincuenta. Con sus llantas de radios, neumáticos con flancos blancos, guardabarros retro y alforjas de piel, su estilo retrocede medio siglo, aunque su tecnología está plenamente al día.*

Página contigua: *Harley presentó la serie Road King de tourers a mediados de la década de 1990, y desde entonces se mantienen en su catálogo. El innovador chasis utiliza un rígido bastidor de espina central y un brazo oscilante macizo para satisfacer las necesidades de los motoristas de este tipo de motocicletas.*

HARLEY-DAVIDSON

GARGOYLE
Mobiloil
Wide Glide

Arriba: *La familia Harley-Davidson Dyna surge durante la revolución de las custom de fábrica en la década de 1970 y la influyente FX Super Glide de 1971. Combina el rendimiento de una Big Twin con un frontal FX ampliado. Aquí vemos una FXDF Dyna Fat Bob de 2010, con guardabarros trasero tipo bobtail.*

Abajo: *Diseñada por el célebre Willie G. Davidson, la Fat Boy apareció por primera vez en el catálogo de Harley-Davidson en 1990. El fantástico estilo retro y la rueda delantera con llanta maciza resultaron un éxito inmediato. En 2010, la Fat Boy recibió el tratamiento oscurecido y una suspensión rebajada.*

Arriba: *La V-Rod que Harley-Davidson presentó a mediados de la década de 2000 era una máquina elegante, original y potente. Esta es una versión de 2010, la VRSCF V-Rod Muscle.*

Página contigua: *La primera Harley Dyna Wide Glide apareció en 1993 con los brazos alargados de la horquilla delantera propios del estilo chopper.*

Derecha: *La Harley Electra Glide Ultra Limited se inspira en la famosa Electra Glide de 1965. Está equipada con un gran carenado, además de una pantalla en el manillar*

CBR

Arriba: *La gama de motos tourer Goldwing de Honda se remonta a 1975 con la GL1000 original, pero las versiones del siglo XXI han establecido nuevos estándares en prestaciones y comodidad. Esta GL1800A Goldwing de 2006 dispone de un seis cilindros de 1.832 cm³ con inyección de carburante.*

Abajo: *Una tourer deportiva Honda ST1300 de 2006. La moto, que sustituyó a la ST1100, usaba un motor V4 de 1.260 cm³ con refrigeración líquida como pieza estructural en un chasis de aluminio, transmisión por cardán de cinco marchas y carenado integral con alforjas rígidas de serie.*

Arriba: *La Honda CBR600RR es una moto deportiva de 599 cm³ que fue presentada en 2003 como una réplica de las triunfadoras motos de carreras MotoGP de Honda.*

Página contigua: *La CBR1000RR presentada por Honda en 2004 fue uno de los modelos más extravagantes incluidos en la gama Fireblade, de gran éxito. Esta es una Fireblade de 2008.*

Derecha: *Honda actualizó la CB600F Hornet de cilindrada media en 2009 con una nueva suspensión ajustable y retoques de diseño, como piezas metálicas en negro y nuevos colores.*

Kawasaki

Página contigua: *Kawasaki promocionaba su nuevo buque insignia para 2010, la 1400GTR, una de las tourers deportivas más avanzadas del mercado. Con control de tracción, frenos ABS y pantallas de instrumentos multifunción. El motor era un cuatro cilindros en línea de 1.352 cm³ con distribución variable.*

Derecha: *La Kawasaki Ninja 250R tiene el estilo y el diseño de una auténtica Ninja, pero está diseñada para que los conductores menos avezados puedan disfrutar de una moto deportiva en una máquina de iniciación. En su corazón palpita un bicilíndrico paralelo de 249 cm³ con refrigeración líquida.*

Arriba: *Cuando se lanzó en 1990, la Kawasaki ZZ-R1100 se situó muy por delante de la competencia gracias a sus prestaciones. Fue la moto más rápida del mundo durante los siguientes cinco años. Veinte años después llega la ZZR1400, con un cuatro cilindros en línea de 1.352 cm³ que eroga 200 CV.*

Izquierda: *La gama Ninja de Kawasaki se remonta a mediados de la década de 1980 con el lanzamiento de la revolucionaria GPZ900R, con unas prestaciones inmejorables de su cuatro cilindros. La Ninja ZX-10R de 2010 mantiene la tradición, pues emplea un tetracilíndrico en línea de 998 cm³.*

Izquierda: *La Suzuki Boulevard M109R se presentó en 2006. La denominación 109 hace referencia a la cilindrada del motor bicilíndrico de inyección: 109 pulgadas cúbicas (1.783 cm³). El motor usaba tecnologías probadas en competición y desarrolladas para las triunfadoras GSX-R.*

Arriba: *La variante touring C90T de la Suzuki Boulevard tiene una pantalla aerodinámica y un respaldo diseñado a medida, apropiado para realizar largos viajes por autopista. El motor es la versión de 1.482 cm³ del bicilíndrico a 45 grados con válvulas en culata refrigerado por aire.*

Izquierda: *La M90 Boulevard se inspira en la potente cruiser M109. El estilo es moderno y aerodinámico, con un guardabarros delantero deportivo que combina con la cubierta del faro elíptico, llantas de aleación de aluminio, doble escape cromado y manillar cromado de estilo drag.*

Página contigua: *Suzuki ofrecía la Boulevard (en Europa, Intruder) en dos estilos: M y C. La serie M exhibe un estilo agresivo y musculoso, mientras que la C presenta líneas cruiser clásicas (como la C109R , en la imagen). Los números en el código del modelo indican la cilindrada del motor en pulgadas cúbicas.*

C109R

Izquierda, arriba: *La Suzuki GSX-R750 original se convirtió tras presentarse en 1985 en la primera réplica de moto de carreras moderna, y en 1997 surgió una versión más pequeña, la GSX-R600 de 599 cm³. En su época fue la moto de media cilindrada más deportiva del mercado, y aún lo sigue siendo.*

Arriba: *Cuando Suzuki lanzó la GSX1300R Hayabusa en 1999, el objetivo era claro: debía ser la moto de calle más rápida del mundo, más rápida que la Honda Super Blackbird. Y así fue, con una velocidad máxima de 306 km/h. Diez años después, el nombre de Hayabusa es conocido en todo el mundo como referencia en altas prestaciones.*

Izquierda, abajo: *La GSX-R1000 surgió a comienzos del nuevo milenio con una combinación portentosa de velocidad y agilidad. No obstante, Suzuki ha sabido mantener el liderazgo de la GSX-R en los posteriores modelos.*

Página contigua: *Con su morro afilado, gran guardabarros delantero y zaga maciza, la superbike Hayabusa sigue teniendo mucho éxito. Los ingenieros de Suzuki pasaron horas en el túnel de viento afinando el diseño hasta conseguir una gran eficiencia aerodinámica.*

SUZUKI
Arai
SUZU
SUZUK
RS TAICHI

TRIUMPH
BONNEVILLE

Arriba, derecha: *La T595 Daytona fue la moto con la que Triumph alcanzó la madurez como fabricante de superbikes a finales de la década de 1990. La última especificación de la Daytona 675 es que participa en el Campeonato Mundial de Supersport y que alcanza 12.600 r.p.m. para producir 124 CV.*

Arriba, izquierda: *La Thruxton 900, que recibe el nombre del famoso circuito inglés donde Triumph consiguió tantas victorias notables a lo largo de los años, nos trae a la memoria las clásicas cafe racer. La edición especial de 2010 exhibía un bastidor acabado con pintura en polvo roja y carenado blanco.*

Derecha: *La gama actual de motos Triumph incluye la Thunderbird. El modelo estándar utiliza un bicilíndrico paralelo de 1.600 cm³ y refrigeración líquida. También hay disponible una versión de gran diámetro con 100 cm³ de cilindrada extra. Es la primera Triumph con transmisión por correa desde 1922.*

Página contigua: *La edición contemporánea de Triumph Bonneville evoca el estilo clásico de la emblemática Bonneville de 1959. Aquella máquina usaba un bicilíndrico vertical de 649 cm³, mientras que la de 2010 tiene un motor de 865 cm³ con moderna tecnología de inyección para optimizar el consumo.*

Arriba: *Triumph lanzó la Speed Triple en 1994, con un tricilíndrico de 885 cm³ y el mismo chasis de aluminio que la deportiva 1997 Daytona. La versión actual tiene un tricilíndrico de 675 cm³ con refrigeración líquida, mientras que la versión Triple R (en la imagen) añade suspensión y frenos deportivos.*

Página contigua: *Nunca se ha fabricado una moto más intimidante y brutal que la Yamaha V-Max, presentada por primera vez en 1985. La poderosa Max se mantiene en el catálogo con sus rasgos identificativos básicos y su fama de potencia bruta intactos.*

Abajo: *La Yamaha XJR1300 es una potente máquina retro que utiliza la clásica posición de pilotaje erguida que exige grandes habilidades para negociar las curvas. El motor, un cuatro cilindros en línea de 1.251 cm³, está refrigerado por aire con 16 válvulas que producen 97 CV a 8.000 r.p.m.*

Arriba: *La gama FZ1 Fazer de Yamaha debutó a principios de la década de 2000; en 2006 se lanzó una segunda generación de Fazer con un nuevo chasis. Incorpora un motor supersport de 998 cm³ y en 2010 se revisó el mapa de la unidad de control para mejorar la respuesta del acelerador a bajo y medio régimen.*

Derecha: *La serie MT de Yamaha se fabrica desde 2005. La MT01 tiene un potente bicilíndrico en V de 1.670 cm³ refrigerado por aire y con válvulas en culata, montado sobre un ágil chasis deportivo con suspensiones derivadas de competición.*

Arriba: *Las Yamaha Diversion son unas motocicletas polivalentes que proceden de la anterior serie XJ. La Diversion F (en la imagen) cuenta con un aerodinámico carenado integral. También existe la versión sin carenado XJ-6. El motor es un cuatro cilindros de 600 cm³ con inyección de carburante.*

Izquierda: *La Yamaha WR450F es una moto todoterreno de competición, la versión enduro de la máquina de motocross YZ450F, que dispone de un monocilíndrico de 449 cm³. En el avanzado diseño del chasis de aluminio ligero se aprecia la larga experiencia de Yamaha creando motos de enduro.*

Página contigua: *La mejor cruiser de Yamaha, la XV1900A Midnight Star, ofrece un estilo retro con una forma innovadora y aerodinámica, gruesas llantas de aleación de 12 radios, manillar retrasado y exterior cromado. Su motor es un gran bicilíndrico en V, de 1.854 cm³ refrigerado por aire y con válvulas en culata.*

Izquierda: *La TDM900 se considera una moto polivalente, igual de válida para recorrer la ciudad como para largos desplazamientos. El motor es un bicilíndrico paralelo de 897 cm³ con inyección de combustible. La máquina tiene un amplio depósito de carburante y bandeja portaequipajes.*

Derecha: *La YZF-R1 se ha caracterizado siempre por tener un estilo muy marcado desde que Yamaha lanzó el modelo original en 1998. El modelo actual de 998 cm³ mantiene el diseño, pero gran parte de su tecnología se deriva de la moto de carreras Yamaha M1, vencedora de MotoGP.*

A todo gas

Derecha: *El motocross es una modalidad de competición que se disputa en circuitos cerrados. Su origen se remonta a las carreras británicas y su nombre es una combinación de las palabras* motorcycle *('motocicleta') y* cross-country *('campo a través').*

Abajo: *La principal competición de motocross de Estados Unidos es el Campeonato AMA de Motocross, inaugurado en 1972 con el patrocinio de la American Motorcyclist Association.*

Arriba: *El motocross exige lo indecible a los pilotos, que deben tener un control absoluto sobre una moto rápida y relativamente pesada mientras mantienen una elevada velocidad durante toda la carrera y realizan con frecuencia saltos a gran altura.*

Arriba: *Alex Salvini es un piloto italiano de motocross que compite con el equipo Husqvarna en la clase MX3 del Campeonato Mundial de Motocross aprobado por la Federación Internacional de Motociclismo (FIM). En 2009 fue subcampeón del Campeonato del Mundo detrás de Pierre Renet, que representaba a Suzuki.*

Derecha: *La lluvia, el barro y una visibilidad deficiente son elementos comunes para cualquier piloto que participe en una prueba de motocross al aire libre. Las clases se organizan normalmente según la cilindrada de los motores. Una carrera se suele componer de dos rondas de competiciones.*

Abajo: *BMW ofrece tres versiones de su G650 serie X: la X-Country es una moto de trail, una versátil máquina de carretera con cierta capacidad todoterreno, la X-Moto no es una moto común, sino una máquina de motocross adaptada para uso de calle, y la X-Challenge (en la imagen) es una auténtica moto de enduro.*

Arriba: *El motocross estilo libre (FMX, según sus siglas en inglés) es una variación del supercross relativamente nueva. No es una carrera, sino que el piloto realiza piruetas acrobáticas mientras da saltos a lomos de su máquina de motocross. Los jueces eligen al vencedor evaluando la dificultad del salto y el estilo en el aire.*

Izquierda: *Hay dos tipos importantes de pruebas de estilo libre. big air (también llamada best trick) en la que el piloto realiza dos saltos desde una rampa cubierta de tierra, y motocross estilo libre, donde los pilotos atraviesan un circuito que incluye varios saltos de diverso ángulo y longitud.*

Arriba: *Se ha desarrollado una increíble variedad de saltos y piruetas en estilo libre. Los pilotos necesitan mucha habilidad y un gran valor: los accidentes y las lesiones no son raros.*

Derecha: *Antes de que Yamaha abriera nuevos caminos con las motos de cuatro tiempos, se usaban casi exclusivamente motos de dos tiempos. La YZ450F, con su motor inclinado hacia atrás, sigue ocupando un lugar privilegiado.*

Abajo: *La ágil YZ250F tiene un motor monocilíndrico de cuatro tiempos con 250 cm³ y válvulas en culata.*

Arriba, derecha: *La playa de Scheveningen (La Haya, Países Bajos) es el lugar donde se celebra la Red Bull Knockout, autoproclamada la carrera de motocross de playa más dura del mundo. Pilotos de todo el globo llegan para competir mientras más de 150.000 espectadores se agolpan para ver la carrera.*

Arriba, izquierda: *La serie CRF dispone de máquinas de motocross y trail de cuatro tiempos que Honda lanzó en 2002. La actual CRF250R emplea un motor de 249 cm³ con diseño Unicam, en el que la culata incorpora un solo árbol de levas que abre tanto las válvulas de admisión como las de escape.*

Derecha: *Las carreras en la playa son una variante de las competiciones de enduro y motocross. Los pilotos compiten en motos, quads e incluso combinaciones con sidecar en un circuito marcado en una playa, a menudo con saltos artificiales y dunas de arena para que el recorrido sea más duro.*

Izquierda: *Speedway es un deporte de motor en el que cuatro pilotos (o hasta seis, en ocasiones) dan cuatro vueltas en sentido antihorario en un circuito oval plano con firme de tierra o granito. Las motos de speedway solo usan una marcha y no tienen frenos: van siempre a todo gas.*

Abajo: *Los competidores derrapan con sus máquinas sobre la superficie suelta del circuito y toman las curvas a gran velocidad. En las partes rectas del circuito, las motos alcanzan velocidades cercanas a 113 km/h. Observe el deflector instalado en el lateral de la rueda trasera de esta máquina.*

METZELER

Arriba, derecha: *La G 450 X es la primera moto de enduro de BMW desarrollada para carreras de competición profesional. El diseño concentra la mayor parte de la masa de la moto lo más cerca posible del centro de gravedad. Para ello, el depósito de carburante de 8,5 litros se sitúa debajo del asiento del piloto.*

Arriba, izquierda: *El enduro es un deporte que se celebra sobre todo a campo abierto, en etapas en las que los pilotos compiten contrarreloj. Adelantarse o atrasarse conlleva penalizaciones.*

Izquierda: *Las carreras de motocicletas en carretera presentan varias modalidades, desde los Grandes Premios de máximo nivel hasta pequeños eventos para aficionados locales. Pueden disputarse en circuitos específicos o en carreteras abiertas.*

Derecha: *Las carreras de motos exigen concentración, un gran control de la moto y valor. Hay numerosas categorías, desde motos de pequeña cilindrada hasta potentes superbikes.*

Página contigua: *Aquí vemos el firme escabroso donde se celebran las carreras de enduro. La suspensión de largo recorrido de una moto de motocross se combina con otras características para que sea legal en las zonas públicas del circuito.*

Izquierda: *MotoGP constituye el culmen de las competiciones de motos. Actualmente se divide en tres categorías: monocilíndricas de 125 cm³, Moto2 (para cuatro tiempos de 600 cm³) y MotoGP (para cuatro tiempos de 800 cm³). Las máquinas no están disponibles en versiones de calle.*

Página contigua: *Nicky Hayden, llamado el Kentucky Kid, es un piloto de motos profesional estadounidense que ganó el Campeonato del Mundo de MotoGP en 2006. Aquí le vemos sobre la Honda Repsol en el Gran Premio de Malasia durante la temporada en la que ganó el título.*

Abajo: *Loris Capirossi es un piloto italiano del Gran Premio con mucha experiencia y más de 300 carreras en su haber. Ganó el título mundial de 250 cm³ para Aprilia en 1998. Entre 2003 y 2007 pilotó para el equipo Ducati MotoGP, como vemos aquí, y después se cambió en 2008 para competir para Suzuki.*

Arriba: *Casey Stoner, piloto del equipo Ducati Marlboro, negocia unas curvas durante las pruebas antes de la temporada MotoGP de 2010. En 2007 consiguió seis poles y diez victorias, incluidas tres de las cuatro primeras carreras, que le llevaron a ganar su primer título de GP por un amplio margen de 125 puntos.*

REPSOL
69
GAS
HONDA
REPSOL
GAS
REPSOL
69
Red Bull
REPSOL
GAS
HONDA
REPSOL
HONDA
REPSOL

Derecha, arriba: *James Ellison compitió para el equipo Yamaha Tech 3 MotoGP durante la temporada de 2006. Aquí lo vemos luchando por el Gran Premio F1 en el circuito internacional de Sepang (Malasia). En 2007 se pasó a la serie AMA de Superbike en los Estados Unidos y compitió para el equipo Corona Honda.*

Arriba: *Las pruebas de pretemporada son importantes para los equipos de MotoGP, pues deben optimizar las prestaciones y la fiabilidad de las motos. Aquí vemos al piloto Dani Pedrosa de Honda Repsol durante unas pruebas en febrero de 2010 con el número 26, con el que debutó en la temporada de 2006.*

Derecha, abajo: *El estadounidense John Hopkins, Hopper, compite actualmente en el Campeonato Mundial de Superbikes. Antes lo hizo en MotoGP, en 2002 para Red Bull Yamaha. Un año más tarde se unió a Suzuki y allí estuvo cinco años. Después compitió para Kawasaki (aquí lo vemos en España) en 2008.*

Arriba: *Aquí vemos al estadounidense Colin Edwards, Texas Tornado, en unas pruebas en el circuito de Sepang (Malasia) en 2007. Ha ganado dos veces el Campeonato Mundial de Superbikes para Honda, que compite en MotoGP desde 2003. Ahora está en el equipo independiente Monster Yamaha Tech 3.*

Derecha: *La estrella italiana Valentino Rossi hace un caballito con su Fiat Yamaha en el Gran Premio de Malasia en 2009. Rossi es un fenómeno. Ha ganado el Campeonato Mundial siete veces entre 2001 y 2009, siempre con el número 46 de la suerte sobre su máquina.*

Índice alfabético

Créditos fotográficos

a = arriba, ab = abajo, d = derecha, i = izquierda, c = centro

© Roland Brown: 15(ai), 16(a), 16(ab); Phil Masters 8(ab), 9, 17, 18(ad), 19, 20, 21(d); Oli Tennent 10, 12, 13(d), 14, 15(ad), 15(ab), 18(ai), 18(ab), 21(ai).

© shutterstock.com: afaizal 60(ai), 60(abi), 60(abd), 61, 62(ci), 63(ai); Walter G Arce 1; Anna Chelnokova 53(ad); Crok Photography 59(ai); CTR Photos 52(ad); digitalsport-photoagency 62(abd); Eric Gevaert 56(ad), 56(ab); Andreas Gradin 54(i); Khafizov Ivan Harisovich 52(abi); Imagemaker 62(ad); Jaggat 59(abd); Marcel Jancovic 57(a), 57(ab); Keith Robinson 59(abi) Luiz Rocha 55(ai); Ljupco Smokovski 4–5; E. Stefanov 52(cd), 53(ai); Felipe B. Varela 54(ad); Hemin Xylan 63(d).

Imágenes proporcionadas por los fabricantes: © Aprilia 22(ad), 22(cd), 22(abi). © Benelli: 23(ai), 23(abi), 23(ad), 23(cd). © Boss Hoss Cycles, Inc: 28(ai), 28(ad), 28(abi). © Buell: 29(abd). © BMW AG: 26, 27(ai), 27(ad), 27(abd), 53(abd), 58, 59(ac). © Cagiva: 30(ai). © Ducati: 13(ai), 32, 33(abi), 33(ad). © Harley-Davidson®: 6–7, 34(a), 34(ab), 35, 36, 37(ai), 37(ad), 37(abc), 37(abd). © Honda Motor Co. Ltd: 38, 39(ai), 39(ad), 39(abd), 39(abc), 56(ai). © Indian Motorcycle Company: 29(ai), 29(ad). © Kawasaki Motors UK: 2, 40, 41(ac), 41(ad), 41(abi). © MV Agusta: 30(ad), 30(abd), 31. © Suzuki Motor Corporation: 42(ai), 42(abi), 42(ad), 43, 44(ai), 44(abi), 44(ad), 45. © Triumph Motorcycles Ltd: 46, 47(ai), 47(ad), 47(abc), 47(abd). © Yamaha Motor: 48(ai), 48(abc), 48(abd). 49, 50(i), 50(ad), 51(a), 51(ad), 51(ab), 55(d), 55(abi).

Licencia Creative Commons: 33(ai); El Caganer 8(a); Elenchos 33(abd); Jean-Pol Grandmont 11(a); Guilaune 24(i); Craig Howell 11(ab); Jordi Rovira 24(ad), 25; selbst 30(abi); Peter Shanks 3.

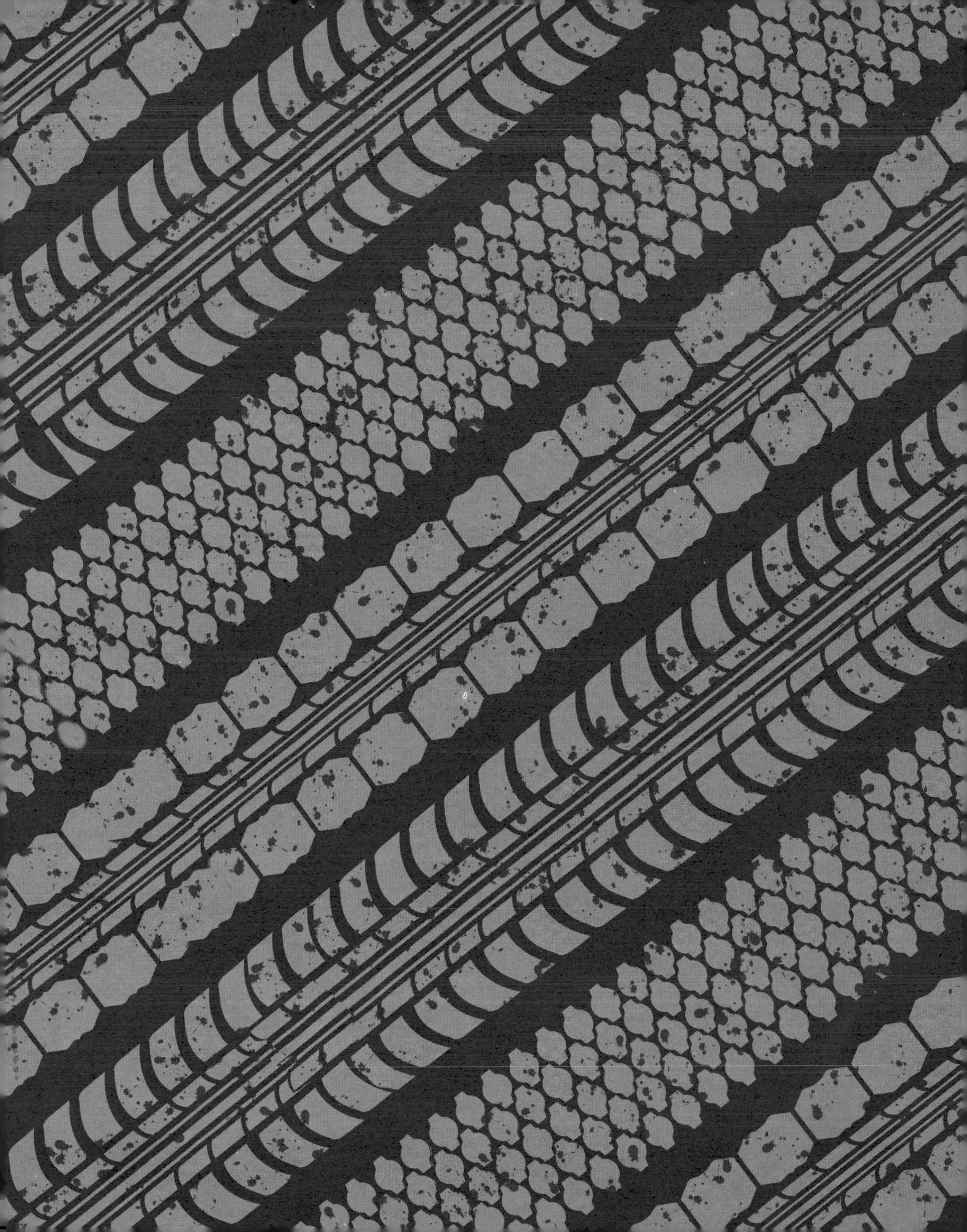